U0209261

| 原料

生姜	**40**克
香葱	**15**克
生抽	**3**茶匙
盐	适量
鸡精	少许
白糖	**1**茶匙
植物油	**2**汤匙

Tips

1. 如果没有石臼，
   可以将姜末与切
   的香葱混合在
   起，用刀再剁
   些。

物油要烧热一
   些，这样才能激
   发香葱和生姜中
   的香味。

3. 如果偏爱辣味，
   可在将葱姜蓉放
   到碗中时添加1
   个小米椒（切碎
   后放入）。

| 做法

1. 香葱洗净，生姜洗净去皮。
2. 生姜切末，香葱切碎。
3. 将姜末放到石臼中捣成蓉。
4. 放入切碎的香葱捣几下。
5. 取出捣好的葱姜蓉，放到碗中。
6. 将植物油放入大勺，烧至有白烟冒出，淋在葱姜蓉上。
7. 拌匀，趁热加入盐、白糖、鸡精和生抽。
8. 拌匀。

葱姜拌
鸡蛋丝

| 主料

鸡蛋 ⋯⋯⋯⋯ **3**个
胡萝卜⋯⋯⋯ 适量

| 调料

葱姜汁 ⋯⋯⋯ **1**份
淀粉⋯⋯⋯⋯ **2**茶匙
香菜 ⋯⋯⋯⋯ 适量
植物油⋯⋯⋯ 少许

Tips

1. 摊蛋皮之前，用小刷子在平底锅内刷少许植物油就可以了。油放得太多，蛋皮反而不容易摊匀。

2. 翻面的时候，可用手将蛋皮的边缘轻轻揭起，再小心地翻过去。

3. 如果不喜欢吃生胡萝卜，可将胡萝卜丝放到开水中煮1分钟左右。

| 做法

1. 胡萝卜洗净去皮，香菜洗净。

2. 淀粉放到碗中，加入大约 3 汤匙水，拌成水淀粉。

3. 鸡蛋打散，加入水淀粉，用筷子拌匀。

4. 用小刷子在平底锅内刷少许植物油。

5. 将锅烧热，舀一大勺蛋液放到锅中，转动锅，让蛋液均匀铺开。

6. 待蛋液凝固后翻面，再稍稍煎一下，取出晾凉。按照这个方法将剩下的蛋液都摊成蛋皮。

7. 胡萝卜切细丝，香菜切段，蛋皮切丝。

8. 将胡萝卜丝、香菜和鸡蛋丝拌匀，浇上葱姜汁，拌匀。

葱姜鸭

| 主料

土鸭 ———————— 半只

| 调料

葱姜汁	1份
盐	约 **1** 茶匙
花椒粉	约 **½** 茶匙
料酒	**3** 茶匙
生姜	**1** 块
香葱	**2** 棵

| 做法

1. 生姜洗净去皮；土鸭洗净，用厨房纸擦去表面的水分。

2. 将料酒淋在鸭身上。

3. 撒上花椒粉和盐。

4. 用手将鸭身上的调料抹匀，可稍稍按摩一下。

5. 生姜切片后放在鸭身上，和鸭子一起装入保鲜袋，密封后放入冰箱冷藏一晚。

6. 锅中放入适量的水，下入腌好的鸭子（姜片也一起放进去）；香葱挽结，放到锅中。

7. 大火烧开后转中小火煮 20 分钟左右。

8. 捞出鸭子，彻底晾凉后斩件，蘸葱姜汁食用。

Tips

1. 鸭子要选用仔鸭，不建议用老鸭，老鸭适合炖着吃。

2. 煮鸭子得到的汤不要倒掉，用来煮面条非常不错。

3. 煮鸭子时，烧开后如果汤面上有浮沫，要用汤勺撇净。

4. 煮好的鸭子一定要彻底晾凉再斩件，否则鸭块会不成形。

葱姜鸡

| 主料

土鸡 ⋯⋯⋯⋯ **1**只

| 调料

葱姜汁 ⋯⋯⋯⋯ **2**份
生姜 ⋯⋯⋯⋯⋯ **1**块
料酒 ⋯⋯⋯⋯⋯ **1**汤匙
盐 ⋯⋯⋯⋯ 约**1**茶匙

| 做法

1. 一半的生姜切薄片；土鸡剖开，收拾干净，放上切好的姜片，撒上盐。
2. 用手将鸡身上的调料抹匀，可稍稍按摩一下。
3. 将鸡连同姜片一起装入保鲜袋，密封后放入冰箱冷藏一晚。
4. 剩下的生姜切厚片，放在电压锅底部。
5. 将腌好的鸡肚子朝下放入电压锅，淋入料酒。
6. 将电压锅设置为自动保压 10 分钟，开始加热。
7. 待电压锅泄压后，将鸡捞出。
8. 待鸡彻底晾凉后斩件，蘸葱姜汁食用。

Tips

1. 要选用刚宰杀的新鲜土鸡，冷冻过的鸡不适合这种做法。
2. 1千克鸡一般用电压锅煮 10 分钟就能熟。判断鸡熟没熟的方法：将筷子扎进鸡腿部肉较厚的地方，看看是否有血水流出（有就表示没熟透，没有就表示熟透）。
3. 煮好的鸡一定要彻底晾凉再斩件，否则鸡块会不成形。

葱姜猪蹄

|主料

猪蹄 ———— **500**克

|调料

葱姜汁 ————	**1**份
大葱 ————	**1**段
生姜 ————	**1**块
料酒 ————	**1**汤匙
白糖 ————	**1**茶匙
盐 ————	适量

Tips

1. 猪蹄不容易处理，购买时最好请卖肉的师傅帮忙用火烧一下，刮净残毛后斩成块，回家后清洗干净就可以了。

2. 如果喜欢偏软的口感，可稍稍延长卤煮猪蹄的时间。

3. 卤煮猪蹄得到的汤留着煮面条或者做高汤都很不错。

|做法

1. 猪蹄除去残毛，刮洗干净，斩块。

2. 锅内放入适量的水，下入猪蹄。

3. 大火烧开后煮 3 分钟左右。

4. 捞出猪蹄，用清水洗净（此时如果还有残毛，可用小镊子拔干净）；生姜切片，大葱切小段。

5. 另起锅，锅内放入适量的水，下入处理好的猪蹄和除葱姜汁以外的所有调料。

6. 大火烧开后转中小火煮 45 分钟左右。

7. 捞出猪蹄，浇上葱姜汁，拌匀即可。

黄瓜
拌蛏子

主料

蛏子 ———— **500**克
黄瓜 ———— 约**150**克

调料

葱姜汁 ———— **1**份
生姜 ———— **1**小块
大葱 ———— **1**段
料酒 ———— **1**汤匙

做法

1. 蛏子用水养 2~3 小时以让其吐净泥沙，然后洗净；黄瓜和大葱洗净，生姜洗净去皮。

2. 生姜和大葱分别切片；锅内放入适量的水，加入料酒，大火烧开。

3. 下入蛏子，大火煮 3 分钟左右（煮至蛏子开口）。

4. 捞出蛏子，沥干。

5. 取出蛏子肉，将黄瓜切成片。

6. 将蛏子肉和黄瓜片放到碗中，浇上葱姜汁，拌匀即可。

Tips

1. 蛏子要先用水养一养，让其吐净泥沙。

2. 一定要先将水烧开，再放入蛏子。

3. 将蛏子肉取出来后，如果发现还有泥沙，可在煮蛏子的水中洗一洗。

葱姜拌菜花

主料

菜花 ·············· **300**克

调料

葱姜汁 ············ **1**份
盐 ················ 适量

Tips

1. 最好选用散菜花来制作这道菜，这样口感会更好。
2. 菜花中经常藏有小虫子，用淡盐水浸泡可让小虫子爬出。

做法

1. 菜花切小朵，放到淡盐水中浸泡5分钟，然后用清水洗净。

2. 锅内放入适量的水，加入少许盐，大火烧开，下入菜花，焯烫30秒左右。

3. 捞出菜花，用冷水冲洗降温，然后过一遍凉开水，沥干。

4. 浇上葱姜汁，拌匀即可。

| 主料

白萝卜 ·········· **1** 个
　　　　　　　(约 500 克)

| 调料

葱姜汁 ·········· **1** 份
盐 ·········· **1** 茶匙

Tips

萝卜丝用盐腌一
下，不仅可以使
辛辣味减少，而
且可以使口感更
脆爽。

葱姜拌
萝卜丝

| 做法

1. 白萝卜洗净去皮，切丝。

2. 加入盐。

3. 拌匀，腌 10 分钟左右。

4. 倒掉盐水，用凉开水洗去白萝卜
　 丝表面的盐分。

5. 捞出白萝卜丝，挤出水分。

6. 浇上葱姜汁，拌匀即可。

酱油汁 制作方法非常简单，将白糖和酱油混合在一起后煮开，晾凉即成。

酱油汁适合用来拌制以根茎类蔬菜为主料的凉拌菜，用它拌制的凉拌菜咸鲜脆爽。

原料

生抽 ·········· **250** 克
白糖 ·········· **25** 克

做法

1. 将生抽倒到锅中。
2. 放入白糖。
3. 烧开后转小火煮 1 分钟左右，关火晾凉即可。

酱黄瓜

主料

黄瓜 ———— **1000**克

调料

酱油汁 ————	**2**份
盐 ————	**25**克
植物油 ————	**2**汤匙
白酒 ————	**2**汤匙
花椒 ————	约**20**颗
小米椒 ————	适量
生姜 ————	适量
蒜 ————	适量

做法

1. 黄瓜、生姜、蒜和小米椒洗净，晾干表面的水分。

2. 黄瓜切粗条，加入盐，拌匀，腌 2～3 小时。

3. 生姜和蒜切片，小米椒斜切圈。

4. 倒掉盐水，用凉开水洗去黄瓜条表面的盐分，沥干。

5. 将黄瓜、生姜、蒜和小米椒放到容器中，浇上晾凉的酱油汁。

6. 将植物油放入大勺，烧至有白烟冒出，关火，放入花椒，炸出香味，冷却后淋在黄瓜条上。

7. 加入白酒，密封后腌 12 小时左右即可食用。

8. 吃不完的酱黄瓜可以装在保鲜盒中放入冰箱冷藏保存。

Tips

1. 第 1 次腌制的时候，可以用无水无油的干净筷子翻拌几次，让黄瓜均匀入味。筷子一定要干净、无水无油，以免黄瓜坏掉。

2. 黄瓜入味后即可捞出。

3. 切记要用凉开水洗去黄瓜表面的盐分，不可用生水。

酱萝卜

| 主料

白萝卜 —————— **1** 个
（约700克）

| 调料

| 酱油汁 —————— **1½** 份 |
| 小米椒 —————— **4** 个 |
| 生姜 —————— **2** 块 |
| 蒜 —————— **4** 瓣 |
| 盐 —————— **15** 克 |
| 花椒 —————— **20** 余颗 |
| 白酒 —————— **2** 汤匙 |
| 植物油 —————— **2** 汤匙 |

| 做法

1. 白萝卜、小米椒、生姜和蒜洗净，晾干表面的水分。

2. 白萝卜切片（不用去皮），放到盆中，加入盐，拌匀，腌 2～3 小时（腌至白萝卜片变软，有汁水渗出），其间用筷子翻拌几次。

3. 倒掉盐水，用凉开水洗去白萝卜片表面的盐分，然后用纱布包起来挤干水分。

4. 生姜和蒜切片，小米椒斜切圈，与处理好的白萝卜片一起放到容器中，然后浇上晾凉的酱油汁。

5. 将植物油放入大勺，烧至有白烟冒出，关火，放入花椒，炸出香味，冷却后淋在白萝卜片上。

6. 加入白酒，密封后腌 12 小时左右即可食用。吃不完的酱萝卜可以装在保鲜盒中放入冰箱冷藏保存。

Tips

1. 挤白萝卜片中的水分时，包上纱布好操作一些。如果没有纱布，也可直接用手挤。

2. 酱萝卜做好后，每次取食时要使用无水无油的干净筷子，以免坏掉。

酱辣椒

主料

辣椒 ———— **250**克

调料

酱油汁 ————	**1**份
子姜 ————	**2**块
蒜 ————	**6**瓣
盐 ————	**10**克
花椒 ————	**10**余颗
白酒 ————	**1**汤匙
植物油 ————	**1**汤匙

做法

1. 辣椒（先不去蒂）、蒜和子姜洗净，晾干表面的水分。

2. 辣椒去蒂，剖成两半。

3. 加入盐，拌匀。

4. 腌 2～3 小时（腌至辣椒变软，有汁水渗出），倒掉盐水。

5. 子姜和蒜切片，与腌好的辣椒一起放到容器中。

6. 浇上晾凉的酱油汁。

7. 将植物油放入大勺，烧至有白烟冒出，关火，放入花椒，炸出香味，冷却后淋在辣椒上。

8. 加入白酒，密封后放入冰箱冷藏 1 周左右即可食用。

Tips

1. 辣椒洗净晾干后再去蒂，可以防止水分进入辣椒。

2. 如果怕辣，可选用肉多且个儿大的辣椒。

3. 辣椒不太容易入味，因此在酱油汁中浸泡的时间要长一些。放入冰箱冷藏，可防止辣椒因在制作过程中沾到生水而变质。

酱生姜

主料

子姜 ————— **250**克

调料

酱油汁 ————— **1**份
盐 ————— **5**克
花椒 ————— **10**余颗
白酒 ————— **1**汤匙
植物油 ————— **1**汤匙
小米椒 ————— **2**个

做法

1. 子姜去皮；小米椒和子姜洗净，晾干表面的水分。

2. 子姜切薄片。

3. 加入盐，拌匀。

4. 腌 2 小时左右，倒掉盐水。

5. 小米椒切段，与腌好的姜片一起放到容器中。

6. 浇上晾凉的酱油汁。

7. 将植物油放入大勺，烧至有白烟冒出，关火，放入花椒，炸出香味，冷却后淋在姜片上。

8. 加入白酒，密封后腌 12 小时左右即可食用。

Tips

1. 要选用嫩嫩的子姜，这样口感会比选用老姜好很多。

2. 酱生姜做好后，每次取食时要使用无水无油的干净筷子，而且最好放入冰箱冷藏保存。

酱莴笋

主料

莴笋 ⋯⋯⋯⋯⋯⋯ **1**根
（约500克）

调料

酱油汁 ⋯⋯⋯⋯⋯⋯ **1**份
盐 ⋯⋯⋯⋯⋯⋯ **10**克
生姜 ⋯⋯⋯⋯⋯⋯ **1**块
蒜 ⋯⋯⋯⋯⋯⋯ **2**瓣
小米椒 ⋯⋯⋯⋯⋯⋯ **2**个
花椒 ⋯⋯⋯⋯⋯⋯ **10**余颗
植物油 ⋯⋯⋯⋯⋯⋯ **1**汤匙
白酒 ⋯⋯⋯⋯⋯⋯ **1**汤匙

做法

1. 莴笋去皮；生姜、蒜、小米椒和莴笋洗净，晾干表面的水分。

2. 莴笋切粗条。

3. 加入盐，拌匀，腌 2～3 小时。

4. 倒去盐水，用凉开水洗去莴笋表面的盐分，沥干。

5. 生姜和蒜切片，小米椒斜切圈，放到晾凉的酱油汁中。

6. 放入莴笋。

7. 将植物油放入大勺，烧至有白烟冒出，关火，放入花椒，炸出香味，冷却后淋在莴笋上。

8. 加入白酒，密封后腌 12 小时左右即可食用。

Tips

1. 第 2 次腌制的时候，莴笋入味后最好立即捞出，放入冰箱冷藏保存，在酱油汁中泡太久会很咸。

2. 要选用嫩莴笋做这道菜，这样口感才好。挑选时看看莴笋尖，如果起花苞了，就说明莴笋老了。

酱醋汁 做凉拌菜常用的酱汁之一，将酱油、醋和芝麻油混合在一起，再添加少量的盐、白糖和鸡精拌匀即成。

这里介绍的是最基础的酱醋汁的调制方法，在实际调制过程中可根据个人的喜好添加蒜泥、辣椒油、蚝油、花椒油等原料，让味道更加丰富。酱醋汁咸酸鲜香，适合用来拌制所有凉拌菜。

酱醋汁

原料

生抽	**2** 汤匙
香醋	**1** 汤匙
芝麻油	**½** 汤匙
白糖	**1** 茶匙
盐	适量
鸡精	少许

做法

1. 将生抽、香醋和芝麻油放到碗中。
2. 加入白糖、盐和鸡精。
3. 充分搅拌，直至固体调料全部溶化。

Tips

1. 步骤 3 中的搅拌一定要充分，要让白糖、盐和鸡精全部溶化。
2. 生抽与醋的比例可根据个人的喜好进行调整，如果偏爱酸味，可适当增加醋的用量。

拌豆芽

主料

绿豆芽 ………… **500**克

调料

酱醋汁 …………	**1** 份
干辣椒 …………	**1** 个
蒜 …………	**2** 瓣
香葱 …………	**1** 棵
花椒 …………	**10** 余颗
植物油 ……… 约	**1** 汤匙

做法

1. 绿豆芽去根，洗净沥干。

2. 干辣椒剪丝，蒜去皮切末，香葱切碎。

3. 锅内放入适量的水，烧开，下入豆芽，焯烫 30 秒左右。

4. 捞出豆芽，用冷水冲洗降温，然后过一遍凉开水，沥干。

5. 将沥干的豆芽放到大碗中，浇上酱醋汁，加入干辣椒、蒜和香葱。

6. 将植物油放入大勺，烧至有白烟冒出，关火，放入花椒，炸出香味，倒到装有豆芽的大碗中，拌匀即可。

Tips

1. 如果嫌麻烦，可以不摘去绿豆芽的根。

2. 花椒要在将植物油烧热并关火之后再放，而不要一开始就放在油里加热，那样容易烧焦。

3. 热油一定要倒在蒜、香葱和干辣椒上，这样才能激发香辣味。

拌海瓜子

主料

海瓜子 ———— **500**克

调料

酱醋汁 ————	**2**份
生姜 ————	**1**小块
蒜 ————	**2**瓣
香葱 ————	**2**棵
香菜 ————	**1**棵
小米椒 ————	**1**个
料酒 ————	**1**汤匙

做法

1. 海瓜子用水泡养以使其吐净泥沙，洗净。

2. 蒜、香菜、一半的生姜和一半的香葱洗净并分别切末，小米椒洗净切圈。

3. 将切好的生姜、蒜、小米椒和香葱放到酱醋汁中拌匀，静置 10 分钟左右即成味汁。

4. 锅内放入适量的水，加入料酒；剩下的生姜切片，剩下的香葱挽结，一起放到锅中；大火烧开。

5. 取适量的海瓜子放在大漏勺中，再将大漏勺放到锅中，煮至海瓜子完全开口；将大漏勺在水里晃动几下后取出，将海瓜子倒到碗中。按照这个方法将剩下的海瓜子都烫熟。

6. 在海瓜子上撒上香菜末，浇上味汁，拌匀即可。

Tips _____

1. 煮海瓜子的时候将海瓜子放在大漏勺中，操作起来会方便一些。煮至海瓜子完全开口后将大漏勺在水里晃动几下，可以洗去海瓜子中残留的泥沙。

2. 切好的生姜、蒜、小米椒和香葱在酱醋汁中浸泡一下，味道会更好。

拌圆白菜

主料

圆白菜 ············· 半棵
（约300克）

调料

酱醋汁 ·············	**1**份
植物油 ·············	**1**汤匙
干辣椒 ·············	**3**个
蒜 ·················	**3**瓣
盐 ·················	少许

做法

1. 圆白菜洗净，用手撕成小片，沥干。

2. 蒜去皮切末，干辣椒剪丝。

3. 锅内放入适量的水，加入少许盐，大火烧开后放入圆白菜，焯烫30秒左右。

4. 捞出圆白菜，用冷水冲洗降温，然后过一遍凉开水。

5. 将圆白菜沥干后放到碗中，淋上酱醋汁。

6. 放入干辣椒丝和蒜末。

7. 将植物油放入大勺，烧至有白烟冒出，淋在干辣椒丝和蒜末上。

8. 拌匀。

Tips

1. 焯烫圆白菜的时间一定不要太长，圆白菜变色后要立即捞出，然后迅速用冷水冲洗降温，以确保口感爽脆。

2. 热油要倒在干辣椒丝和蒜末上，这样才能激发香辣味。

凉拌
苦瓜

主料

苦瓜 ·············· **1**根

调料

酱醋汁 ··············	**1**份
小米椒 ··············	**2**个
蒜 ··············	**2**瓣
香葱 ··············	**2**棵
花椒 ··············	**10**余颗
植物油 ··············	**1**汤匙
盐 ··············	**½**茶匙

做法

1. 苦瓜、小米椒、蒜和香葱洗净。

2. 苦瓜剖成两半，用勺子挖去瓤。

3. 苦瓜切薄片，小米椒切圈，蒜切末，香葱切碎。

4. 将植物油放入大勺，烧至有白烟冒出，关火，放入花椒，炸出香味，倒到装有小米椒、蒜和香葱的碗中。

5. 加入酱醋汁，拌匀即成味汁。

6. 锅内放入适量的水，加入盐，大火烧开后下入苦瓜，焯烫 30 秒左右。

7. 迅速捞出苦瓜，用冷水冲洗降温，然后过一遍凉开水。

8. 用手将苦瓜中的水分挤出一些，再将味汁浇在苦瓜上。

Tips

1. 花椒要在将植物油烧热并关火之后再放，否则容易烧焦。

2. 苦瓜要尽量切薄一些，焯烫的时间不要太长，断生即可。

39

凉拌
辣椒

主料

辣椒 ·············· **350**克

调料

酱醋汁 ·············· **1**份
蒜 ·············· **2**瓣
植物油 ·············· 少许

做法

1. 辣椒去蒂，洗净沥干。

2. 用刀背将辣椒拍破，蒜切末。

3. 将锅烧热，下入辣椒，煸成虎皮色。

4. 加入少许植物油。

5. 将辣椒煸炒熟。

6. 将煸熟的辣椒放到碗中，撒上蒜末，浇上酱醋汁，拌匀即可。

Tips

1. 辣椒下锅以后要用锅铲轻轻按压，使之紧贴锅壁，这样更容易煸成虎皮色。

2. 要选用肉厚的辣椒，这样口感才好。

凉拌
秋葵

| 主料

秋葵 **300**克

| 调料

酱醋汁 **1**份
小米椒 **2**个
蒜 **4**瓣
盐 .... 少许

| 做法

1. 秋葵、小米椒和蒜洗净。

2. 小米椒切圈，蒜切末，一起放到酱醋汁中。

3. 拌匀，浸泡 10 分钟左右即成味汁。

4. 切去秋葵的蒂。

5. 锅内放入适量的水，烧开，加入少许盐，下入秋葵，焯烫 2 分钟左右（焯至断生即可），其间不时用筷子翻动一下。

6. 捞出秋葵，用冷水冲洗降温，然后过一遍凉开水。

7. 将处理好的秋葵纵切成两半。

8. 浇上味汁。

Tips

1. 秋葵要断生后再切开，这样可防止营养成分流失。

2. 焯烫秋葵的时候，要时不时地用筷子翻动一下，使其受热均匀。

拍黄瓜

| 主料

黄瓜 ———— **2**根

| 调料

酱醋汁 ———— **1**份
辣椒粉 ———— **1**茶匙
蒜 ———— **2**瓣
花椒 ———— **10**颗
香葱 ———— **1**棵
植物油 ———— **1**汤匙

Tips

1. 花椒一定要在将植物油烧热并关火之后再放，不要一开始就放在油里加热，那样容易烧焦。

2. 热油要倒在辣椒粉、蒜和香葱上，这样才能激发香辣味。

3. 这道菜做好后要尽快食用，放久了黄瓜会出水，从而影响口感。

| 做法

1. 黄瓜、蒜和香葱洗净。

2. 黄瓜用刀背拍破。

3. 拍破的黄瓜切小块，蒜拍碎后切末，香葱切碎。

4. 将黄瓜放到碗中，淋上酱醋汁。

5. 加入香葱、蒜和辣椒粉。

6. 将植物油放入大勺，烧至有白烟冒出，关火，放入花椒，炸出香味，淋在辣椒粉、蒜和香葱上。

7. 拌匀。

皮蛋
拌豆腐

主料

嫩豆腐 ················ **1** 块
皮蛋 ················ **3** 个

调料

酱醋汁 ················ **2** 份
小米椒 ················ **2** 个
生姜 ················ **1** 小块
香菜 ················ **1** 棵
盐 ················ **1** 茶匙

Tips

1. 豆腐用盐开水浸泡，可去除豆腥味。

2. 处理豆腐的时候动作要轻，不然很容易将其弄烂。

3. 切皮蛋的时候容易粘刀，把刀用开水烫一下再切可以解决这个问题。

做法

1. 准备好嫩豆腐和皮蛋。

2. 豆腐切丁，放到开水中，加入盐，浸泡 10 分钟。

3. 小米椒切圈，生姜切末，香菜切碎，一起放到酱醋汁中，浸泡 10 分钟左右即成味汁。

4. 皮蛋去壳切瓣，在盘子里摆成圈。

5. 捞出豆腐，沥干水分后摆放在盘子中央。

6. 浇上味汁。

青椒
拌洋葱

| 主料

洋葱	**1** 个
	（200 克）
青椒	**半** 个
	（100 克）

| 调料

酱醋汁	**1** 份
蒜	**2** 瓣
小米椒	**1** 个
花椒	**10** 颗
植物油	**1** 汤匙

| 做法

1. 洋葱、青椒、蒜和小米椒洗净。

2. 洋葱和青椒切丝，蒜切末，小米椒切圈。

3. 将洋葱放到冰水中浸泡 10 分钟左右，捞出沥干。

4. 将切好的蒜和小米椒放到酱醋汁中，浸泡 10 分钟左右即成味汁。

5. 将植物油放入大勺，烧至有白烟冒出，关火，放入花椒，炸出香味，倒到装有洋葱和青椒的碗中。

6. 用筷子拌匀。

7. 浇上味汁。

8. 拌匀，放入冰箱冷藏 20 分钟左右即可。

Tips

1. 洋葱切丝后放到冰水中浸泡一会儿，可减轻辛辣味。

2. 浇上味汁拌匀后放入冰箱冷藏，可让洋葱充分吸收酱醋汁，从而味道更好。

49

手撕蒜薹

主料

蒜薹 ·············· **250**克
油炸花生米 ····· **2**汤匙

调料

酱醋汁 ·············· **1**份
蒜 ····················· **2**瓣
小米椒 ·············· **2**个
盐 ···················· 适量

做法

1. 准备好蒜薹和油炸花生米，蒜和小米椒洗净。

2. 蒜薹掐头去尾，洗净沥干。

3. 小米椒切圈，蒜切末，一起放到酱醋汁中，浸泡 10 分钟左右即成味汁。

4. 锅内放入适量的水，加入适量的盐，大火烧开后下入蒜薹，煮 1 分 30 秒左右捞出，用冷水冲洗降温。

5. 用牙签将蒜薹从一头划开，撕成丝后放到凉开水中。

6. 捞出沥干，在盘子中盘成圈。

7. 浇上味汁。

8. 油炸花生米放到保鲜袋中用擀面杖压碎后撒在蒜薹上。

Tips

1. 要尽量选用嫩蒜薹，焯烫至断生后要立刻捞出来用冷水冲洗，这样口感才爽脆。

2. 吃了蒜薹口里会有气味，吃一些油炸花生米可改善这种状况。

拌土
豆丝

| 主料

土豆 —————— **2**个
（约350克）

| 调料

酱醋汁 —————— **1**份
花椒 —————— **10**颗
蒜 —————— **2**瓣
香葱 —————— **1**棵
辣椒粉 —————— **1**茶匙
植物油 —————— **1**汤匙

Tips

1. 土豆丝切好后要用清水反复冲洗，直至表面的淀粉被洗去，然后用清水浸泡一下，这样成品的口感才爽脆。

2. 焯烫土豆丝的时间一定不要太长，以免土豆丝过熟，从而影响口感。

3. 热油倒在辣椒粉、蒜和香葱上，才能激发香辣味。

| 做法

1. 土豆洗净去皮。

2. 土豆切丝，蒜切末，香葱切碎。

3. 土豆丝洗去表面的淀粉，放到清水中浸泡30分钟左右。

4. 锅内放入适量的水，烧开，下入土豆丝，焯烫至断生。

5. 捞出土豆丝，用冷水冲洗降温，然后过一遍凉开水，沥干，放到碗中，淋上酱醋汁。

6. 加入香葱、蒜和辣椒粉。

7. 将植物油放入大勺，烧至有白烟冒出，关火，放入花椒，炸出香味，倒到装有土豆丝的碗中。

8. 拌匀。

糖醋汁 做法非常简单，将白米醋、白糖和凉开水混合在一起，搅拌均匀即可。

糖醋汁酸甜开胃，适合用来拌制以根茎类蔬菜为主料的凉拌菜。

糖醋汁

原料

白米醋 —————— **75**克

白糖 —————— **150**克

凉开水 —————— **300**克

做法

将白米醋、白糖和凉开水混合在一起，搅拌均匀即可。

Tips

在制作糖醋汁的过程中可以尝一下
味道，然后根据个人的喜好来调整
白米醋的用量，如果偏爱酸味，可
以适当增加白米醋的用量。

酸甜萝卜

主料

白萝卜 ········· **1500**克

调料

糖醋汁 ·········· **3**份
盐 ··············· **30**克
小米椒 ·········· **4**个

做法

1. 白萝卜和小米椒洗净，晾干表面的水分。
2. 白萝卜切粗条（不用去皮）。
3. 加入盐，拌匀。
4. 腌 2～3 小时，倒掉盐水。
5. 腌好的白萝卜用凉开水清洗几遍，洗去表面的盐分。
6. 用纱布将白萝卜包裹起来，挤去多余的水分。
7. 小米椒切段。
8. 将白萝卜放到容器中，浇上糖醋汁，加入小米椒，密封后放入冰箱冷藏 2 天即可食用。

Tips

1. 白萝卜用糖醋汁浸泡 2 天就可以食用了，不过浸泡的时间越长越入味。
2. 每次取食时，一定要使用无油无水的干净筷子，以免白萝卜坏掉。

酸甜藠头

主料

藠头 ·············· **300**克

调料

糖醋汁 ·············· **1**份
小米椒 ·············· **2**个
盐 ·············· **10**克

Tips

藠头要在糖醋汁中浸泡较长的时间才能入味。制作时藠头不能沾到生水，否则会变质。吃不完的藠头要放入冰箱冷藏保存。

做法

1. 藠头洗净沥干。

2. 加入盐，拌匀，腌12小时左右。

3. 腌好的藠头用凉开水洗去表面的盐分，沥干。

4. 将藠头放到糖醋汁中，加入切成段的小米椒，放入冰箱冷藏20天左右即可食用。

酸甜藕片

主料

莲藕 ………… **400**克

调料

糖醋汁 ………… **1**份

Tips

1. 莲藕焯烫至变色后要立即捞出，否则口感会不够爽脆。
2. 莲藕浸泡的时间越长越入味。
3. 每次取食时，要使用无油无水的干净筷子。

做法

1. 莲藕去皮洗净，切薄片。
2. 用清水洗去藕片表面的淀粉。
3. 锅内放入适量的水，烧开，下入藕片，煮 30 秒左右。
4. 捞出藕片，用冷水冲洗降温，然后过一遍凉开水。
5. 捞出藕片沥干，放到糖醋汁中（如果偏爱辣味，可加入 2 个小米椒），密封后放入冰箱冷藏 6 小时左右即可食用。

酸甜
泡菜

做法

1. 圆白菜、胡萝卜和小米椒洗净。

2. 胡萝卜去皮，切细条。

3. 胡萝卜中放 1 茶匙盐，拌匀，腌 2 小时左右。

4. 撕好的圆白菜中放 3 茶匙盐，拌匀，腌 2 小时左右。

5. 倒掉装有胡萝卜的容器中的盐水。

6. 倒掉装有圆白菜的容器中的盐水。

7. 将腌好的胡萝卜和圆白菜一起用凉开水洗去表面的盐分，然后尽量挤出水分。

8. 将胡萝卜和圆白菜放到糖醋汁中，加入切成段的小米椒，密封后放入冰箱冷藏 24 小时左右即可食用。

Tips

1. 胡萝卜和圆白菜在糖醋汁中浸泡 24 小时左右就可以食用了，不过浸泡的时间越长越入味。

2. 每次取食时，一定要使用无油无水的干净筷子，以免泡菜坏掉。

麻酱汁 在芝麻酱中加入盐、白糖、酱油等原料调制而成。芝麻酱一般比较浓稠，要用温开水稀释后再加入其他原料。

麻酱汁鲜美香醇，适合用来拌制以非荤腥类食材或本味鲜美的荤腥类食材为主料的凉拌菜，也可以蘸食。

麻酱汁

原料

芝麻酱	1汤匙
芝麻油	2茶匙
温开水	约3茶匙
生抽	2茶匙
香醋	1茶匙
白糖	1茶匙
盐	½茶匙
鸡精	少许
辣椒油	1茶匙

Tips

1. 调制麻酱汁时始终朝一个方向搅拌，能使各种原料很好地融合。

2. 所给的温开水用量仅供参考，如有必要，请根据所用芝麻酱的浓稠度进行调整，调到芝麻酱用勺子舀起来后可断断续续往下掉就可以了。

3. 稀释芝麻酱时也可不使用温开水而全部使用芝麻油（那样会更香，但是会有点儿腻），可根据个人的喜好做出选择。

将芝麻酱放到碗中，加入芝麻油，朝一个方向搅匀。

分次加入温开水（每次加入1茶匙并朝一个方向搅匀）。

搅拌至芝麻酱颜色变浅，有一定的流动性（但不要太稀，因为后面还要添加液体原料）。

加入生抽和香醋，朝一个方向搅匀。

加入白糖、盐和鸡精，朝一个方向搅匀；加入辣椒油（如果偏爱麻辣口味，还可以加入花椒油）。

朝一个方向搅匀（调制成功的麻酱汁用勺子舀起来往下倒时刚好流成一条直线）。

麻酱
拌芦笋

| 主料

芦笋 ⋯⋯⋯⋯ **300**克

| 调料

麻酱汁 ⋯⋯⋯⋯ **1**份
蒜 ⋯⋯⋯⋯⋯ **1**瓣
盐 ⋯⋯⋯⋯⋯ **½**茶匙

| 做法

1. 芦笋洗净，切去根部较老的部分。

2. 将芦笋放在案板上斜切段。

3. 蒜拍破后去皮切末。

4. 锅内放入适量的水，加入盐，大火烧开。

5. 下入芦笋，煮 2 分钟左右。

6. 捞出芦笋，用冷水冲洗降温，然后过一遍凉开水。

7. 捞出芦笋，沥干后放到碗中，加入蒜末。

8. 浇上麻酱汁，拌匀即可食用；也可与麻酱汁一起上桌，蘸汁食用。

Tips

1. 焯烫芦笋时，放少量盐到水里可使芦笋保持翠绿色。

2. 焯烫好的芦笋要立即用冷水冲洗降温。过一遍凉开水以后最好再用冰水稍微冰镇一下，那样口感更佳。

麻酱
拌三丝

主料

粉丝 ⸺⸺⸺ **50**克

胡萝卜 ⸺⸺ **50**克

黄瓜 ⸺⸺⸺ **100**克

调料

麻酱汁 ⸺⸺ **1**份

蒜 ⸺⸺⸺ **1**瓣

做法

1. 黄瓜和粉丝洗净，胡萝卜洗净去皮。

2. 黄瓜和胡萝卜分别切丝，蒜切末。

3. 锅内放入适量的水，烧开，下入粉丝，小火煮至粉丝无硬心。

4. 捞出粉丝，放到冷水中降温，然后过一遍凉开水，沥干。

5. 将胡萝卜丝放到开水中焯烫 30 秒左右。

6. 捞出胡萝卜丝，过一遍凉开水。

7. 将处理好的粉丝、胡萝卜丝和黄瓜丝放到碗中，加入蒜末，浇上麻酱汁，拌匀即可。

Tips

1. 胡萝卜丝也可以不焯烫，直接凉拌。

2. 粉丝不用事先泡发，直接下锅煮就行。煮粉丝的时候要用小火，以免煮成糊糊。

麻酱拌西葫芦

主料

西葫芦 ·············· **1**个

调料

麻酱汁 ·············· **1**份
干辣椒 ·············· **1**个
蒜 ·············· **2**瓣
花椒 ·············· **10**余颗
植物油 ·············· **1**汤匙

Tips

1. 西葫芦刨成粗丝口感较好。
2. 花椒要在将植物油烧热并关火之后再放，否则容易烧焦。

做法

1. 西葫芦洗净，用刨丝器刨成粗丝。

2. 干辣椒切丝，蒜去皮切末。

3. 将西葫芦丝、干辣椒丝和蒜末放到碗中。

4. 将植物油放入大勺，烧至有白烟冒出，关火，放入花椒，炸出香味，淋在干辣椒丝和蒜末上，拌匀。食用时浇上麻酱汁。

麻酱豆皮卷

主料

豆腐皮	**1**张
油麦菜	约**150**克

调料

麻酱汁	**1**份
盐	适量

Tips

1. 要尽量选用嫩油麦菜，这样口感才好。
2. 用来生吃的菜一定要清洗干净，用淡盐水浸泡有一定的杀菌作用。

做法

1. 豆腐皮和油麦菜洗净。
2. 油麦菜用淡盐水浸泡5分钟左右。
3. 豆腐皮切片（宽约5厘米，长约10厘米）。
4. 锅内放入适量的水，烧开，下入豆腐皮，煮1分钟左右捞出沥干。
5. 捞出油麦菜，用凉开水洗净，沥干后切段（长约12厘米）。
6. 用豆腐皮将油麦菜卷起来，蘸麻酱汁食用。

麻酱
拌鸡丝

主料

鸡胸肉	**200**克
黄瓜	**80**克
胡萝卜	**30**克

调料

麻酱汁	**1**份
辣椒油	**2**茶匙
生姜	**1**小块
大葱	**1**段
料酒	**1**汤匙
花椒	**10**余颗

做法

1. 鸡胸肉、大葱、生姜、黄瓜和胡萝卜洗净，胡萝卜去皮。

2. 锅内放入适量的水，下入鸡胸肉、生姜、大葱、花椒和料酒，大火烧开后转小火煮 10 分钟左右，捞出晾凉。

3. 黄瓜和胡萝卜分别切丝。

4. 将煮熟的鸡胸肉用刀背拍松散。

5. 将鸡胸肉撕成丝。

6. 将鸡肉丝、黄瓜丝和胡萝卜丝拌匀。

7. 将辣椒油和 1 汤匙煮鸡胸肉得到的汤加到麻酱汁中，拌匀即成味汁。

8. 将味汁浇在拌好的鸡肉丝、黄瓜丝和萝卜丝上。

Tips

1. 煮鸡肉得到的汤不要倒掉，留着用来煮面条或者做高汤都很不错。

2. 生胡萝卜丝比较硬，要尽量切细一些，如不喜欢吃生胡萝卜丝，可放到开水中焯熟。

芹菜叶
拌香干

主料

芹菜叶 ·············· **100**克
香干 ·············· **150**克

调料

麻酱汁 ·············· **1**份
蒜 ·············· **1**瓣
盐 ·············· 少许

做法

1. 芹菜叶和香干洗净。

2. 香干切丁。

3. 蒜去皮切末。

4. 锅中放入适量的水，烧开，下入香干，煮1分钟左右。

5. 捞出香干，过一遍凉开水，捞出沥干。

6. 另起锅，锅中放入适量的水，加入少许盐，大火烧开，放入芹菜叶，关火，芹菜叶变色后立即捞出。

7. 芹菜叶用冷水冲洗降温，然后过一遍凉开水，捞出，用手挤出水分。

8. 将香干和芹菜叶拌匀，浇上麻酱汁，加入蒜末，拌匀。

Tips

焯烫芹菜叶时动作要快，芹菜叶变色后要立即捞出，然后用冷水冲洗，使其迅速冷却。

麻酱拌荷兰豆

主料

荷兰豆 ⋯⋯⋯⋯ **300**克

调料

麻酱汁 ⋯⋯⋯⋯⋯ **1**份
蒜 ⋯⋯⋯⋯⋯⋯ **1**瓣
盐 ⋯⋯⋯⋯⋯ ½茶匙

Tips

荷兰豆要选嫩一些的，焯烫的时间不能太长，以确保口感爽脆。

做法

1. 荷兰豆洗净，去掉两头的老筋；蒜切末。

2. 锅中放入适量的水，加入盐，大火烧开，下入荷兰豆，焯烫 30 秒左右。

3. 捞出荷兰豆，用冷水冲洗降温，然后过一遍凉开水，沥干。

4. 撒上蒜末，浇上麻酱汁。

主料

豌豆凉粉	**1块**
花生米	**2汤匙**
黄瓜	**50克**
胡萝卜	**25克**

调料

麻酱汁	**1份**
蒜	**2瓣**
香葱	**1棵**

麻酱
凉粉

Tips

炒花生米用小火
不容易炒焦。炒
好的花生米可放
到保鲜袋中用擀
面杖压碎。

做法

1. 黄瓜、胡萝卜、蒜和香葱洗净。

2. 凉粉切条，用凉开水洗一下，捞出沥干。

3. 花生米放到锅中小火炒香，黄瓜切丝，胡萝卜去皮切细丝，蒜切末，葱切碎。

4. 将凉粉放到碗中，加入处理好的黄瓜、胡萝卜、蒜、香葱和花生米，浇上麻酱汁。

将红泡椒剁碎，加入生姜、蒜和香葱，泼入热油激发香味后放入盐、白糖、醋等原料即成。红泡椒能突出"鱼香"味，是必不可少的原料。

鱼香汁鲜辣酸甜，适合用来拌制以非荤腥类食材为主料的凉拌菜。

鱼香汁

红泡椒 ———— **3**个
蒜 ———————— **2**瓣
生姜 ———————— **1**小块
香葱 ———————— **1**棵
白糖 ———————— **2**茶匙
生抽 ———————— **1**汤匙
香醋 ———————— **1**汤匙
鸡精 ———————— 少许
盐 ———————————— 适量
植物油 ———— **2**汤匙

生姜和香葱洗净，蒜去皮。

红泡椒、生姜、蒜和香葱分别切末。

将切好的原料放到容器中，混合在一起。

将植物油放入大勺，烧至八成热（有较多白烟冒出），
倒到装有切好的原料的容器中。

用勺子迅速拌匀。

趁热加入白糖、盐和鸡精，拌匀。

加入生抽和香醋。

拌匀。

Tips

植物油要烧热一些，这样才能激发红泡椒、香葱、生姜和蒜中的香味；也可以在锅中将植物油烧热，下入泡椒、香葱、生姜和蒜炒香，然后加入其他原料。

鱼香
拌鸡蛋

主料

鸡蛋 ⋯⋯⋯⋯⋯ **4**个

调料

鱼香汁 ⋯⋯⋯⋯⋯ **1**份

Tips

1. 切水煮鸡蛋时容易粘刀，用开水烫一下刀再切，这个问题就解决了。
2. 鸡蛋切瓣摆好后，可在盘子中央放些切碎的香菜和小米椒作为装饰。

做法

1. 将鸡蛋放到锅中，然后放入适量的水，大火烧开后转小火煮，直至将鸡蛋煮熟。
2. 剥去鸡蛋的壳。
3. 将剥好的鸡蛋切成瓣，在盘子里摆成圈。
4. 浇上鱼香汁。

| 主料

豇豆 ·············· **250**克

| 调料

鱼香汁 ············· **1**份
盐 ·············· 少许

鱼香
拌豇豆

Tips

豇豆要选嫩一些
的，这样口感才
好。较老的豇豆
适合炖着吃，不
适合凉拌。

①

②

③

④

⑤

⑥

| 做法

1. 豇豆掐头去尾，撕去老筋。

2. 豇豆洗净切段（长约 5 厘米）。

3. 锅内放入适量的水，加入少许
   盐，大火烧开，下入豇豆，煮 3
   分钟左右。

4. 捞出豇豆，用冷水冲洗降温，然
   后过一遍凉开水。

5. 捞出豇豆，沥干后装盘。

6. 浇上鱼香汁。

鱼香拌茄子

主料	
茄子	**1**个

调料	
鱼香汁	**1**份

Tips

茄子晾凉后会有汁水渗出，要将这些汁水倒掉。

做法

1. 茄子去蒂洗净，切粗条。

2. 切好的茄子放到蒸锅中，大火隔水蒸熟。

3. 取出蒸熟的茄子，晾凉。

4. 浇上鱼香汁。

| 主料

金针菇	**400**克

| 调料

鱼香汁	**1**份
香菜	**2**棵

鱼香
金针菇

Tips

金针菇过一遍凉
开水后一定要沥
干，以免水分太
多，冲淡鱼香汁
的味道。

| 做法

1. 准备好金针菇、香菜和鱼香汁。

2. 金针菇切去根部带有杂质的较老
   部分。

3. 撕开处理好的金针菇，洗净沥干。

4. 锅内放入适量的水，大火烧开，
   下入金针菇，煮 3 分钟左右。

5. 捞出金针菇，用冷水冲洗降温，
   然后过一遍凉开水，沥干。

6. 将切碎的香菜加到金针菇中，浇
   上鱼香汁，拌匀即可。

鱼香空心菜

| 主料

空心菜 ·········· **400**克

| 调料

鱼香汁 ·········· **1**份
盐 ·············· 少许

Tips

1. 空心菜焯烫的时间不要太长，变色后要立即捞出。

2. 空心菜过一遍凉开水后要沥干，以免水分太多，冲淡鱼香汁的味道。

| 做法

1. 空心菜去掉根部较老的部分，掐段，洗净沥干。

2. 锅内放入适量的水，加入少许盐，大火烧开，下入空心菜，焯烫至变色。

3. 迅速捞出空心菜，用冷水冲洗降温，然后过一遍凉开水，捞出沥干。

4. 浇上鱼香汁，拌匀即可。

| 主料

干黑木耳 ·········· **15克**
干银耳 ············ **15克**

| 调料

鱼香汁 ············ **1份**

Tips

干黑木耳和干银
耳要提前2小时
用冷水泡发。如
果时间较紧，可
用温水泡发。不
建议用热水泡
发，因为用热水
的话木耳的泡发
率会较低。

鱼香
拌双耳

| 做法

1. 干黑木耳和干银耳放到清水中泡
   发，然后摘去蒂，撕成小朵，洗
   净沥干。

2. 锅内放入适量的水，烧开，下入
   黑木耳和银耳，煮1分钟左右。

3. 捞出煮好的黑木耳和银耳，用冷
   水冲洗降温，然后过一遍凉开
   水，捞出沥干。

4. 浇上鱼香汁，拌匀即可。

鱼香拌香菇丝

干香菇 ·············· **50**克

鱼香汁 ·············· **1**份
香菜 ·············· **1**棵

| 做法

1. 干香菇提前 2 小时用清水泡发。

2. 泡好的香菇洗净，用剪刀从边缘开始转着圈剪粗丝（长约 10 厘米）。

3. 将香菇丝放到盘中。

4. 锅内放入适量的水，烧开。

5. 下入香菇丝。

6. 中火煮 3 分钟左右。

7. 捞出香菇丝，沥干，放到碗中，加入切碎的香菜。

8. 浇上鱼香汁，拌匀即可。

Tips

1. 也可以用新鲜香菇来做这道菜。新鲜香菇口感滑嫩，干香菇香味浓郁，各有所长。

2. 香菇丝煮好后一定要沥干，以免水分太多，冲淡鱼香汁的味道。

糟卤汁　在糟卤中添加少量其他原料调制而成。

糟卤汁咸鲜醇香，适合用来拌制以家禽肉、家畜肉和根茎类蔬菜为主料的凉拌菜。

糟卤汁

原料

糟卤	**210** 克
开水	**70** 克
白糖	**2** 茶匙
花椒	**20** 余颗
生姜	**3** 片
大葱	**1** 小段

做法

1. 生姜切片，大葱切粗丝，与花椒一起放到碗中；倒入开水，浸泡至开水自然冷却。

2. 过滤去渣，只留花椒水。

3. 将花椒水倒到糟卤中。

4. 加入白糖，拌匀即可。

Tips

市面上售卖的糟卤一般比较咸，要用花椒水稀释。花椒水的用量可根据个人的口味进行调整。如果嫌麻烦，也可直接用凉开水稀释。如果口味偏重，也可不稀释。

香糟
鸡腿卷

调料

糟卤汁 ———— **1**份
料酒 ———— **1**茶匙
生姜 ———— **1**小块
胡椒粉 ———— 少许
盐 ———— 少许

做法

1. 鸡腿洗净，生姜洗净去皮后切片。

2. 去掉鸡腿的骨头。

3. 将鸡腿肉摆好，让有皮的一面在下；撒上胡椒粉和
   盐，抹上料酒，放上姜片，腌 30 分钟左右。

4. 拿掉姜片，将鸡腿肉卷起来。

5. 将卷好的鸡腿肉用锡纸包好，放入蒸锅，大火隔水蒸
   25 分钟左右。

6. 除去锡纸，将鸡腿肉放到凉开水中泡 1 分钟左右。

7. 捞出鸡腿肉，沥干，晾凉后切厚片。

8. 将切好的鸡腿肉放到糟卤汁中，浸泡 2 小时左右即可。

Tips

1. 鸡腿肉蒸好后
   立即放到凉开
   水（冰水更好）
   中泡一下，可
   使鸡皮紧实、
   有弹性。

2. 腌鸡腿肉时只
   放少许盐，以
   免用糟卤汁浸
   泡后太咸。

糟卤
鹌鹑蛋

主料

鹌鹑蛋 ············ **250** 克

调料

糟卤汁 ············ **1** 份
泡野山椒 ········ 约 **10** 个

做法

1. 准备好鹌鹑蛋和泡野山椒，鹌鹑蛋用清水洗净。

2. 锅内放入适量的水，放入鹌鹑蛋，大火烧开后转中小火煮 5 分钟左右，将鹌鹑蛋煮熟。

3. 捞出鹌鹑蛋，放到保鲜盒中，加入半保鲜盒的水。

4. 盖紧盖子，拿起保鲜盒用力摇晃。

5. 摇晃至鹌鹑蛋的壳上出现较多裂纹。

6. 剥去鹌鹑蛋的壳。

7. 将剥好的鹌鹑蛋放到糟卤汁中，加入泡野山椒（可剪成段，这样辣味更浓），浸泡 4 小时左右即可食用。

Tips

鹌鹑蛋比较小，煮好后不太好去壳，将其放到保鲜盒中，加入半保鲜盒的水并大力摇晃至蛋壳破裂，就可以轻松剥掉了。

糟卤花生

主料

新鲜花生 —— **500**克

调料

糟卤汁	**2**份
八角	**1**颗
花椒	约**20**颗
盐	**1**茶匙

Tips

1. 新鲜花生要放到水中浸泡片刻再刷一刷，才能洗干净。
2. 花生捏破壳之后更容易入味（只要在一头捏出一条缝）。

做法

1. 新鲜花生用水冲掉泥沙，放到水中浸泡片刻，再用小刷子将表面刷干净。

2. 用手将每颗花生的壳都捏破。

3. 锅内放入适量的水，下入花生、八角和花椒。

4. 加入盐。

5. 大火烧开后转中火煮25分钟左右。

6. 捞出花生晾凉，然后放到糟卤汁中，浸泡4小时左右即可食用。

主料

鸡翅中 ········· **6** 个

调料

糟卤汁 ········· **½** 份
生姜 ········· **1** 小块
大葱 ········· **1** 段
香叶 ········· **1** 片
料酒 ········· **1** 汤匙

Tips

1. 煮鸡翅中时要用汤勺撇去汤面上的浮沫。

2. 鸡翅中洗去油花后用冰水泡一下，会更清爽、更有弹性。

糟卤鸡翅

做法

1. 鸡翅中洗净，在表面划几刀以便入味；生姜切片，大葱切段。

2. 锅内放入适量的水，放入鸡翅中、生姜、大葱、香叶和料酒，大火烧开后转中小火煮 10 分钟左右（煮至鸡翅中熟透）。

3. 捞出鸡翅中，用清水洗去表面的油花，然后用冰水浸泡片刻。

4. 捞出鸡翅中沥干，放到糟卤汁中，浸泡 2 小时左右即可食用。

糟卤鸭掌

主料

鸭掌 —————— **500**克

调料

糟卤汁 —————— **2**份
生姜 —————— **1**小块
大葱 —————— **1**段
八角 —————— **2**颗
桂皮 —————— **1**小块
花椒 —————— **20**余颗
香叶 —————— **1**片
料酒 —————— **2**汤匙

Tips

1. 煮鸭掌的火不要太大，要用中小火慢煮，用大火煮容易使鸭掌破皮。如果煮开后汤面上有浮沫，要用汤勺将其撇净。

2. 煮好的鸭掌要用清水洗去表面的油花，再用冰水浸泡片刻，这样成品会更清爽、更有弹性。

做法

1. 准备好鸭掌，生姜切片，大葱切段。

2. 鸭掌剪去趾甲，洗净。

3. 锅内放入适量的水，放入鸭掌和除糟卤汁以外的所有调料。

4. 中火烧开后转小火煮 10 分钟左右（煮至鸭掌熟透），捞出鸭掌。

5. 立即将鸭掌放到清水中洗去表面的油花，再用冰水浸泡片刻，捞出沥干。

6. 将处理好的鸭掌放到容器中，倒入糟卤汁（如果偏爱辣味，可加入几个泡椒），盖上盖子，浸泡 6 小时右即可食用。

糟卤鸭胗

主料

鸭胗 ················· **300**克

调料

糟卤汁 ·················	**1**份
盐 ·················	适量
大葱 ·················	**1**段
生姜 ·················	**1**小块
八角 ·················	**1**颗
桂皮 ·················	**1**小块
花椒 ·················	**10**余颗
料酒 ·················	**1**汤匙

做法

1. 将鸭胗表面的肥油撕去，生姜切片，大葱切段。

2. 在鸭胗上撒上适量的盐，反复揉搓后用水冲洗干净。

3. 锅内放入适量的水，大火烧开，下入鸭胗，焯烫 1 分钟左右捞出。

4. 另起锅，锅内放入适量的水，下入处理好的鸭胗，加入大葱、生姜、八角、桂皮、花椒和料酒。

5. 大火烧开后转中小火煮 30 分钟左右。

6. 捞出鸭胗，晾凉后切薄片。

7. 将切好的鸭胗放到糟卤汁中，浸泡 2 小时左右即可食用。

Tips

1. 鸭胗表面的肥油要撕干净，这样吃起来口感清爽一些。

2. 鸭胗要先用盐反复揉搓，再用水洗净，这样可除去异味。

糟卤猪舌

|主料

猪舌 ·········· **1**条
（约300克）

|调料

糟卤汁 ·········· **1**份
生姜 ·········· **1**小块
香葱 ·········· **2**棵
八角 ·········· **1**颗
花椒 ·········· **10**余颗
料酒 ·········· **1**汤匙

|做法

1. 猪舌洗净，生姜洗净拍破，香葱洗净挽结。

2. 锅内放入适量的水，下入猪舌，大火烧开后煮 5 分钟左右。

3. 捞出猪舌，用刀刮去舌苔。

4. 将处理好的猪舌用清水洗净。

5. 另起锅，锅内放入适量的水，下入猪舌，放入除糟卤汁以外的所有调料。

6. 大火烧开后转中小火煮 30 分钟左右。

7. 捞出猪舌，晾凉后切薄片。

8. 将切好的猪舌放到糟卤汁中，浸泡 2 小时左右即可食用。

Tips

1. 猪舌上有一层较厚的舌苔，焯烫后会显露出来，要用刀刮干净。

2. 煮猪舌的时候将一根筷子或竹签竖着插到猪舌中，可以使猪舌煮熟后仍然保持较直的状态，便于切割。

糟卤毛豆

| 主料

新鲜毛豆 ——— **300**克

| 调料

糟卤汁 ————— **1**份
八角 —————— **1**颗
干辣椒 ————— **4**个
生姜 —————— **1**小块
小苏打 ————— 少许

Tips

1. 将两头的尖儿剪去后，毛豆更易入味。

2. 煮毛豆的时间可以根据个人的喜好进行调整：煮的时候尝一尝，喜欢吃软烂的就多煮几分钟，喜欢吃爽脆的就少煮几分钟。

3. 在水中添加少许小苏打后，煮出来的毛豆会呈翠绿色。如果没有小苏打，可以用半茶匙盐代替。

| 做法

1. 反复搓洗毛豆，去掉表面的绒毛；生姜切片。

2. 将毛豆两头的尖儿剪去。

3. 锅内放入适量的水，加入八角、干辣椒和生姜，烧开。

4. 加入少许小苏打。

5. 下入毛豆，烧开后转中小火煮 8 分钟左右。

6. 捞出毛豆，过两遍凉开水降温，沥干。

7. 将毛豆放到糟卤汁中，浸泡 4 小时左右即可食用。

香糟笋

主料

春笋 ———————— **1**根
(约400克)

调料

糟卤汁 —————— **1**份
盐 —————————— ½ 茶匙
八角 ———————— **1**颗

做法

1. 春笋洗净，将笋壳纵向切开。

2. 沿着切缝将笋壳剥掉。

3. 剥好的春笋切薄片。

4. 锅内放入适量的水，烧开，下入笋片。

5. 加入盐和八角，中小火煮10分钟左右。

6. 捞出笋片，用冷水冲洗降温，然后过一遍凉开水。

7. 捞出笋片，放到糟卤汁中，浸泡2小时左右即可食用。

Tips

先用刀将笋壳纵
向切开，再沿着
切缝剥，就比较
容易将笋壳剥下
来了。

103

蒜泥汁　将蒜去皮切碎后捣成泥，加入盐、醋、白糖和酱油等原料拌匀即成。调制蒜泥汁时要重用蒜泥，以突出蒜香味。

蒜泥汁咸鲜微辣，蒜香浓郁，适合用来拌制以蔬菜、鸡肉或猪肉为主料的凉拌菜。

蒜泥汁

|原料

蒜	**6** 瓣
盐	**½** 茶匙
生抽	**2** 茶匙
白糖	**½** 茶匙
香醋	**1½** 茶匙
高汤	**1** 汤匙
芝麻油	**1** 茶匙
鸡精	少许

|做法

1. 蒜拍破。
2. 拍破的蒜去皮。
3. 去皮的蒜切末。
4. 将蒜末放到石臼中，加入少许盐。
5. 将蒜末捣成泥。
6. 将蒜泥放到碗中，加入生抽、香醋、高汤、鸡精、
   白糖、芝麻油和剩下的盐，拌匀即可。

Tips

1. 加入少许盐后，蒜末更容易捣成泥。
2. 如果没有高汤，可以用加了鸡精的白开
   水代替。
3. 如果偏爱辣味，可以加入适量的辣椒油。

白菜拌
豆腐丝

主料

大白菜 —————— **250**克
豆腐皮 —————— **100**克

调料

蒜泥汁 —————— **1**份
干辣椒 —————— **2**个
植物油 ——— **1½**汤匙

做法

1. 大白菜掰开洗净，豆腐皮洗净。
2. 大白菜和豆腐皮分别切丝。
3. 锅内放入适量的水，烧开，下入豆腐丝，煮1分钟左右捞出。
4. 豆腐丝过一遍凉开水，捞出后沥干。
5. 将植物油放入大勺，烧至有白烟冒出，关火。
6. 加入干辣椒，炸出香辣味，淋在大白菜丝上。
7. 拌匀。
8. 放入处理好的豆腐丝，浇上蒜泥汁，拌匀即可。

Tips

1. 最好选用较嫩的大白菜，这样口感更好。
2. 干辣椒一定要在将植物油烧热并关火后再放，不要一开始就放在油里加热，那样容易烧焦。

蒜泥白肉

主料

五花肉	**300**克
黄瓜	**1**根

调料

蒜泥汁	**1**份
八角	**1**颗
花椒	**10**余颗
大葱	**1**段
生姜	**1**小块
料酒	**2**汤匙
白糖	**1**茶匙
盐	适量

做法

1. 五花肉洗净，去掉肉皮上的残毛；黄瓜洗净。

2. 锅内放入适量的水，放入五花肉和除蒜泥汁以外的所有调料。

3. 大火烧开后转小火煮 30 分钟左右，关火，晾凉。

4. 捞出五花肉，晾干后切薄片，在盘子里摆成圈。

5. 黄瓜用削皮器削成长条后卷起来放在盘子中央。

6. 浇上蒜泥汁。

Tips

1. 煮好的五花肉泡在原汤中晾凉更易入味，如果时间比较紧张，也可以直接捞出晾凉。

2. 五花肉要彻底晾凉再切，这样切起薄片来更加容易。如果时间比较紧张，可放入冰箱冷藏一会儿。

蒜泥拌
黑木耳

主料

干黑木耳 ········· **20**克
胡萝卜 ··········· **30**克

调料

蒜泥汁 ················· **1**份

做法

1. 准备好干黑木耳和胡萝卜。

2. 干黑木耳用冷水泡发。

3. 泡发的黑木耳去蒂洗净撕小朵，胡萝卜去皮切丝。

4. 锅内放入适量的水，烧开，下入黑木耳和胡萝卜丝，焯烫 1 分钟左右。

5. 捞出黑木耳和胡萝卜丝，用冷水冲洗降温，然后过一遍凉开水，沥干。

6. 浇上蒜泥汁，拌匀即可。

蒜泥西蓝花

主料

西蓝花⋯⋯⋯ **250**克
胡萝卜⋯⋯⋯ **50**克

调料

蒜泥汁⋯⋯⋯ **1**份
盐⋯⋯⋯⋯ 适量

Tips

1. 西蓝花中常常藏有小虫子，要用淡盐水泡。
2. 西蓝花不要焯烫太久，断生后要立即捞出，这样可以保持爽脆的口感。

做法

1. 西蓝花切小朵。

2. 切好的西蓝花洗净，放到淡盐水中，浸泡 5 分钟左右捞出。

3. 西蓝花沥干，胡萝卜去皮切薄片。

4. 锅内放入适量的水，烧开，加入少许盐，下入西蓝花和胡萝卜，焯烫 1 分钟左右。

5. 捞出西蓝花和胡萝卜，用冷水冲洗降温，然后过一遍凉开水。

6. 捞出沥干，浇上蒜泥汁，拌匀。

|主料

菠菜 ———— **400**克

|调料

蒜泥汁 ———— **1**份
盐 ———— 少许

Tips

1. 菠菜含大量草酸，使用时要先焯水，再用清水冲洗。
2. 菠菜过一遍凉开水后要挤压一下，以免水分太多，冲淡蒜泥汁的味道。

蒜泥菠菜

|做法

1. 菠菜洗净。
2. 洗好的菠菜切段。
3. 锅内放入适量的水，加入少许盐，大火烧开，下入菠菜，焯烫30秒左右。
4. 捞出菠菜，用冷水冲洗降温，然后过一遍凉开水。
5. 用手将菠菜中的水分挤出一些。
6. 浇上蒜泥汁，拌匀即可。

蒜泥拌马齿苋

主料

马齿苋 ·············· **300**克

调料

蒜泥汁 ·············· **1**份
盐 ·············· 少许

Tips

1. 马齿苋焯水后用清水反复冲洗可减轻其本身的酸味。

2. 马齿苋过一遍凉开水后挤压一下可避免水分太多，冲淡蒜泥汁的味道。

做法

1. 掐取马齿苋的嫩尖，洗净沥干。

2. 锅内放入适量的水，加入少许盐，大火烧开，下入马齿苋，焯烫 1 分钟左右。

3. 捞出马齿苋，用冷水冲洗降温，然后过一遍凉开水，捞出沥干。

4. 将沥干的马齿苋放到盘子中，浇上蒜泥汁，拌匀即可。

| 主料

茄子 ·············· **400** 克

| 调料

蒜泥汁 ·············· **1** 份
香菜 ·············· **1** 棵

Tips

1. 如果可以轻松
   地将筷子插入
   茄子，就说明
   茄子蒸熟了。
2. 蒸好的茄子在
   晾凉的过程中
   会有汁水渗出，
   要将这些汁水
   倒掉。

蒜泥拌茄子

| 做法

1. 茄子洗净去蒂，香菜洗净。
2. 茄子横切成两半，放到蒸锅中，
   大火隔水蒸熟。
3. 取出茄子，晾凉后撕成条。
4. 将切碎的香菜撒在茄子上，浇上
   蒜泥汁，拌匀即可。

蒜泥莴笋丝

主料

莴笋 —————— **1**根
(约500克)

调料

蒜泥汁 —————— **1**份
盐 —————— **1**茶匙

Tips

1. 要选用较嫩的莴笋，这样口感才好。
2. 天热时将莴笋丝放入冰箱冰镇一下再浇上蒜泥汁拌匀，口感会更好。

做法

1. 莴笋去皮切丝，加入盐。
2. 拌匀，腌 10 分钟，倒掉盐水。
3. 用凉开水洗去莴笋表面的盐分，捞出后用手挤干。
4. 浇上蒜泥汁，拌匀即可。

| 主料

盐渍海带丝 ⋯⋯ **250**克

| 调料

蒜泥汁 ⋯⋯⋯⋯ **1**份
香菜 ⋯⋯⋯⋯⋯ **1**棵

Tips

1. 盐渍海带丝洗
去表面的盐分
后浸泡一下就
可以了，浸泡
太久的话吃起
来就不爽脆了。
2. 如果用的是干
海带丝，要提
前用清水泡发。

蒜泥
海带丝

| 做法

1. 盐渍海带丝用清水洗去表面的盐
分，然后浸泡一下。
2. 捞出海带丝切段（长约10厘米）。
3. 锅内放入适量的水，大火烧开，
下入海带丝，煮1分钟左右捞
出，用冷水冲洗降温，然后过一
遍凉开水，捞出沥干。
4. 将切碎的香菜撒在海带丝上，浇
上蒜泥汁，拌匀即可。

红油汁　用酱油将白糖、盐和鸡精拌至溶化后，加入红油和芝麻油拌匀即成。制作红油汁时要重用红油，以突出香辣味。红油汁与麻辣汁在制作上有相似之处，都是在咸鲜味原料的基础上添加其他原料拌匀，只不过红油汁突出的是香辣味，而麻辣汁突出的是麻辣味。

红油汁咸鲜香辣，适合用来拌制各种凉拌菜，尤其是以家禽肉、家畜肉或根茎类蔬菜为主料的凉拌菜。

红油汁

|原料

生抽	**1**汤匙
白糖	**1**茶匙
盐	适量
鸡精	少许
芝麻油	**1**茶匙
红油	**2½**汤匙

|做法

1. 将白糖、盐和鸡精放到碗中。

2. 加入生抽。

3. 充分搅拌，直至固体原料全部溶化。

4. 加入红油。

5. 加入芝麻油，拌匀即可。

Tips

1. 加入生抽后一定要充分搅拌，使白糖、盐和鸡精全部溶化。

2. 如果喜欢吃醋，可添加少量的醋。

3. 红油的制作方法见第 121 页。

红油

| 原料

干朝天椒	**25**克
干二荆条辣椒	**50**克
白芝麻	**15**克
大葱	**20**克
生姜	**20**克
菜油	**350**克
八角	**1**颗
桂皮	**1**小块
香叶	**2**片
草果	**1**个
花椒	**20**余颗
植物油	少许

| 做法

1. 朝天椒和二荆条辣椒洗净晾干，去蒂剪段。

2. 锅内放入少许植物油，下入二荆条辣椒，小火炒至呈暗红色并带焦香味。用同样的方法将朝天椒炒香。

3. 将朝天椒和二荆条辣椒混合在一起，放到料理机中搅打成辣椒粉。

4. 锅中放入菜油，烧至有白烟冒出、油面上的泡沫消失，关火；加入切好的葱段和姜片，炸香；加入八角、桂皮、香叶、花椒和草果，小火慢慢炸香；当大葱和生姜开始变焦黄时，捞出所有香料。

5. 再次将菜油烧至有白烟冒出，关火，加入 $1/3$ 的辣椒粉。

6. 加入白芝麻，拌匀；加入 $1/3$ 的辣椒粉，拌匀；加入剩下的辣椒粉，拌匀后晾凉，盖上锅盖，静置一夜。

Tips

1. 炒辣椒要用小火并不停翻动。

2. 分3次加辣椒粉可让红油的口感更丰富。第1次在菜油七八成热时加，可激发辣椒粉的香味；第2次在菜油五六成热时加，可让红油更红亮；第3次在菜油三四成热时加，可突出辣味。

红油拌油豆皮

主料

干油豆皮 ········ **50**克

调料

红油汁 ········ **1**份
香菜 ········ **1**棵

Tips

干油豆皮用冷水
或者温水泡发就
可以了，最好不
要用热水，用热
水泡发的豆皮口
感不好。

做法

1. 干油豆皮和香菜洗净。

2. 干油豆皮用冷水泡发。

3. 锅内放入适量的水，烧开，下入
   泡发的油豆皮，小火煮 30 秒左
   右，捞出，放到凉开水中降温。

4. 捞出油豆皮，用手挤压一下，加
   入切成段的香菜，浇上红油汁，
   拌匀即可。

| 主料

千张 —————— **250**克

| 调料

红油汁 —————— **1** 份
香菜 —————— **3** 棵
蒜 —————— **2** 瓣

红油千张

Tips

千张丝焯烫好后
过一遍凉开水，
口感更清爽。

| 做法

1. 千张和香菜洗净。

2. 千张切丝，香菜切段，蒜拍破去皮切末。

3. 锅内放入适量的水，烧开，下入千张丝，煮 30 秒左右。

4. 捞出千张丝沥干，放到碗中，加入切好的蒜和香菜。

5. 浇上红油汁。

6. 拌匀。

红油
肥肠

| 主料

猪大肠 ········· **1000**克

| 调料

红油汁 ············· **1**份

香菜 ················· **1**棵

香葱 ················· **1**棵

蒜 ··················· **1**瓣

八角 ················· **1**颗

桂皮 ················· **1**块

花椒 ············· **20**余颗

生姜 ················· **1**块

大葱 ················· **1**段

香叶 ················· **1**片

料酒 ············· **2**汤匙

白糖 ············· **1**茶匙

盐 ··················· 适量

醋 ··············· **2**汤匙

| 做法

1. 猪大肠用清水洗去表面的脏物，加入盐，用手反复揉搓后洗净；重复两三次；翻面，用同样的方法清洗两三次。

2. 加入醋，用手揉搓片刻后用清水洗净并沥干。

3. 生姜切片，大葱切段；锅内放入适量的水，下入猪大肠，加入一半的生姜、大葱、花椒和料酒，大火烧开（不盖锅盖），煮3分钟左右捞出，用清水洗净。

4. 另起锅，锅内放入适量的水，放入猪大肠、八角、桂皮、香叶、白糖、盐以及剩下的生姜、大葱、花椒和料酒。盖上锅盖，大火烧开后转中小火煮50分钟左右。

5. 煮好的大猪肠切片，香菜、香葱和蒜分别切末。

6. 将切好的猪大肠、香菜、香葱和蒜放到碗中，浇上红油汁，拌匀即可。

Tips

猪大肠两面都要先用盐揉搓几遍并洗净，再用醋搓洗一遍，以免有异味。猪大肠里面的肥油中藏有杂质，可将杂质清理干净或将肥油撕去。

红油鸡

主料

鸡大腿	**2**个

调料

红油汁	**1**份
大葱	**1**段
生姜	**1**块
花椒	**10**余颗
料酒	**1**汤匙
盐	少许

做法

1. 鸡腿、大葱和生姜洗净，大葱切段，生姜切片。

2. 锅内放入适量的水，放入鸡腿和除红油汁以外的所有调料。

3. 大火烧开后转小火煮 10 分钟左右（煮至鸡腿熟透）。

4. 捞出鸡腿，放到冰水中激一下，让表皮更有弹性。

5. 捞出鸡腿，晾干晾凉。

6. 斩件。

7. 红油汁中放 2 汤匙煮鸡腿得到的汤，拌匀即成味汁。

8. 将味汁浇在鸡腿上。

Tips

1. 鸡腿要用小火慢煮；将筷子插入鸡腿，如果没有血水流出，就说明鸡腿煮熟了。

2. 鸡腿煮熟后立即放到冰水中激一下，可以使表皮更紧致、更有弹性。

红油肘子

⑦

主料

肘子 ·············· **1**个

调料

红油汁 ·············· **2**份
八角 ·············· **2**颗
桂皮 ·············· **1**小块
蒜 ·············· **2**瓣
香叶 ·············· **1**片
草果 ·············· **1**个
花椒 ·············· **10**余颗
大葱 ·············· **1**段
生姜 ·············· **1**小块
料酒 ·············· **2**汤匙
酱油 ·············· **2**汤匙
白糖 ·············· **2**茶匙
盐 ·············· 适量

做法

1. 肘子洗净，除去残毛；生姜切片，大葱切段。

2. 锅内放入适量的水，下入肘子，大火烧开，煮 2 分钟左右，捞出洗净。

3. 另起锅，锅内放入适量的水，放入肘子和除红油汁以外的所有调料，大火烧开后转中小火煮 50 分钟左右。

4. 捞出肘子，晾至不烫手后剔出中间的骨头。

5. 将肘子肉从中间切成两半。

6. 将肘子肉分别卷起来，包上锡纸放入冰箱冷藏 2 小时。

7. 取出已定型的肘子肉，切薄片。

8. 装盘，浇上红油汁。

Tips

1. 肘子上的残毛可请卖肉的师傅烧一下，回家后再将表皮刮洗干净。

2. 将肘子肉放入冰箱冷藏可使其定型。如果没有锡纸，可用纱布代替并用棉线扎紧。

红油猪肝

主料

猪肝 ———— **300**克

调料

红油汁 ———— **1**份
大葱 ———— **1**段
生姜 ———— **1**块
香叶 ———— **1**片
八角 ———— **2**颗
桂皮 ———— **1**小块
花椒 ———— **10**余颗
料酒 ———— **2**汤匙
酱油 ———— **2**汤匙
盐 ———— 适量
白糖 ———— **1**茶匙

做法

1. 猪肝洗净，生姜切片，大葱切段。

2. 猪肝用淡盐水浸泡 2 小时左右以去除血水。

3. 锅内放入适量的水，下入猪肝，烧开，煮 2 分钟左右。

4. 捞出猪肝，洗去表面的浮沫。

5. 另起锅，锅内放入适量的水，加入除红油汁以外的
   所有调料，烧开后煮 5 分钟左右。

6. 下入猪肝。

7. 烧开后转小火煮 20 分钟左右，关火，晾凉。

8. 捞出猪肝切薄片，浇上红油汁。

Tips

1. 调料中的盐部
   分用于配制淡
   盐水，部分用
   于卤煮猪肝。

2. 猪肝用淡盐水
   浸泡一段时间
   可减少毒素。

3. 猪肝不要煮太
   长的时间，煮
   至熟透即可。

红油
猪舌

| 主料

猪舌 ———————— **1**条

| 调料

红油汁 ———————— **2**份

八角 ———————— **2**颗

桂皮 ———————— **1**小块

花椒 ———————— **10**余颗

大葱 ———————— **1**段

生姜 ———————— **1**小块

香叶 ———————— **2**片

料酒 ———————— **2**汤匙

白糖 ———————— **1½**茶匙

酱油 ———————— **2**汤匙

盐 ———————— 适量

Tips

1. 猪舌的表面有一层较厚的舌苔，焯烫后会显露出来，要刮洗干净。

2. 煮猪舌时将一根筷子或者竹签竖着插到猪舌中，可以使猪舌煮熟后仍保持较直的状态，便于切割。

| 做法

1. 猪舌洗净，生姜切片，大葱切段。

2. 锅内放入适量的水，下入猪舌。

3. 大火烧开后煮 5 分钟左右。

4. 捞出猪舌，将表面的舌苔刮洗干净。

5. 另起锅，锅内放入适量的水，放入猪舌和除红油汁以外的所有调料。

6. 大火烧开后转小火煮 40 分钟左右，捞出猪舌晾凉。

7. 晾凉的猪舌切薄片，浇上红油汁。

手撕
杏鲍菇

主料

杏鲍菇 ⋯⋯⋯⋯⋯ **3**个

调料

红油汁 ⋯⋯⋯⋯⋯ **1**份
蒜 ⋯⋯⋯⋯⋯⋯ **2**瓣
香菜 ⋯⋯⋯⋯⋯ **2**棵

做法

1. 杏鲍菇洗净，纵向切成两半。

2. 将切好的杏鲍菇放到蒸锅中，大火隔水蒸15分钟左右。

3. 蒜切末。

4. 香菜洗净切段。

5. 将蒸熟的杏鲍菇晾至不烫手，然后撕成细条。

6. 将撕好的杏鲍菇放到容器中，加入切好的香菜和蒜。

7. 浇上红油汁。

8. 拌匀。

将杏鲍菇撕成细条时，先用牙签将杏鲍菇的根部划开，再用手顺着纹路撕，就比较好撕了。

将香葱叶和新鲜花椒剁成蓉，倒入热油激出香味后加入盐、白糖、芝麻油等原料拌匀即成。制作椒麻汁要重用香葱叶和新鲜花椒，以突出香味和麻味。

椒麻汁清新香麻，适合用来拌制以荤腥类食材为主料的凉拌菜。

椒麻汁

新鲜花椒———— 约 **8**克

香葱叶———— **20**克

植物油———— **1**汤匙

鸡汤———— 约 **2**汤匙

芝麻油———— **1**茶匙

白糖———— **½**茶匙

鸡精———— 少许

盐———— 适量

|做法

1. 香葱叶和新鲜花椒洗净。
2. 花椒放在案板上用刀稍稍剁一下，这时花椒籽就会显露出来，尽量将花椒籽拣出来扔掉。
3. 香葱叶切碎。
   将香葱叶和花椒一起剁成蓉。
   将葱椒蓉放到碗中（如果偏爱辣味，可以加入 1 个小米椒）；将植物油烧至有白烟冒出，淋在葱椒蓉上。
   加入鸡汤。
   加入盐、白糖、鸡精和芝麻油。
   拌匀。

Tips

1. 新鲜花椒和香葱叶的比例可按个人的喜好进行调整，如果偏爱麻味，可适当增加新鲜花椒的用量。

2. 花椒籽含微量毒素，要尽量将其拣出来扔掉。

3. 将香葱叶和新鲜花椒剁成蓉的时候，要尽量剁碎一些。

椒麻
豆腐

主料

嫩豆腐 ·············· **2**块

调料

椒麻汁 ·············· **1**份
鸡汤 ··············· **2**汤匙
盐 ················· **1**茶匙

Tips

1. 豆腐用淡盐水
   浸泡一会儿可
   减轻豆腥味。
2. 嫩豆腐很容易
   碎，操作的时
   候要小心。

做法

1. 豆腐切小块。

2. 准备大半碗开水，加入盐拌匀，
   放入豆腐，浸泡 10 分钟。

3. 用漏勺将豆腐捞出沥干，放到另
   一个碗中，加入鸡汤。

4. 浇上椒麻汁，拌匀即可。

| 主料

土鸡 ⋯⋯⋯⋯ 半只

| 调料

椒麻汁 ⋯⋯⋯⋯ **1** 份
生姜 ⋯⋯⋯⋯ **1** 小块
香葱 ⋯⋯⋯⋯ **2** 棵
料酒 ⋯⋯⋯⋯ **1** 汤匙

Tips

1. 要选用较嫩的土鸡，这样口感好一些。
2. 煮熟的鸡如果没有晾凉就斩件，鸡块容易散开，不成形。

椒麻鸡

| 做法

1. 生姜洗净拍破，香葱洗净挽结，土鸡处理好。

2. 锅中放入适量的水，放入鸡、生姜、香葱和料酒，大火烧开后转小火煮 10 分钟左右。

3. 捞出鸡，放到冰水中激一下，让表皮更有弹性。

4. 将沥干的鸡晾凉，斩件。

5. 浇上椒麻汁，拌匀即可。

椒麻
肉皮

主料

猪肉皮 ⋯⋯⋯⋯ **250**克

调料

椒麻汁 ⋯⋯⋯⋯ **1**份
生姜 ⋯⋯⋯⋯ **1**小块
大葱 ⋯⋯⋯⋯ **1**段
花椒 ⋯⋯⋯⋯ **10**余颗
白糖 ⋯⋯⋯⋯ **1**茶匙
料酒 ⋯⋯⋯⋯ **1**汤匙
盐 ⋯⋯⋯⋯ 适量

做法

1. 猪肉皮刮洗干净。

2. 刮洗干净的肉皮剔去里面的肥肉，切大块。

3. 锅内放入适量的水，下入肉皮，烧开后煮 2～3 分钟。

4. 捞出肉皮，用小镊子将表面残留的猪毛拔干净。

5. 另起锅，锅内放入适量的水，放入肉皮和除椒麻汁以外的所有调料，大火烧开后转中小火煮30分钟左右。

6. 捞出肉皮，放到凉开水中，洗去表面的油花。

7. 洗好的肉皮切条。

8. 浇上椒麻汁，拌匀即可。

Tips

1. 将肉皮焯烫一下，就可以用小镊子轻松拔除上面残留的猪毛。

2. 肉皮煮好后要用凉开水洗去表面的油花，这样拌好后口感更清爽。

椒麻鸭

主料

土鸭 ·············· **400**克

调料

椒麻汁 ·············· **1**份
盐 ·············· **1**茶匙
胡椒粉 ·············· 少许
料酒 ·············· **2**茶匙
生姜 ·············· **1**小块

做法

1. 土鸭洗净后用厨房纸擦干，生姜洗净切片。

2. 将料酒、盐和胡椒粉倒在鸭身上。

3. 用手将鸭身上的调料涂抹均匀，再放上姜片，腌1小时左右。

4. 将腌好的鸭子装盘（姜片垫在鸭子下面）放入蒸锅，隔水蒸35分钟左右。

5. 将鸭子和盘子一起取出来（盘子中会有一些汤）。

6. 取出鸭子沥干，放到另一个盘子中晾凉。

7. 斩件。

8. 浇上椒麻汁。

 Tips

1. 鸭子要晾凉后再斩件，这样鸭块的形状会更漂亮。

2. 制作椒麻汁的时候，可用蒸鸭子得到的汤代替鸡汤。

椒麻
鱼片

主料

鱼肉 ·········· **250**克

调料

椒麻汁 ·········· **1**份
生姜 ·········· **1**小块
大葱 ·········· **1**段
料酒 ·········· **1**汤匙
鸡蛋清 ·········· **1**个
白糖 ·········· **1**茶匙
胡椒粉 ·········· 少许
盐 ·········· 适量

做法

1. 鱼肉处理干净，生姜和大葱洗净。

2. 鱼肉切薄片。

3. 鱼片放到碗中，加入料酒、鸡蛋清、白糖、胡椒粉和盐。

4. 拌匀，腌 15 分钟左右。

5. 生姜切片，大葱切粗丝，一起放入锅中；放入适量的水，大火烧开。

6. 下入鱼片，用筷子轻轻拨散，煮 1～2 分钟。

7. 鱼片熟透后立刻捞出，大葱和生姜拣出来扔掉。

8. 浇上椒麻汁。

Tips

1. 煮鱼片时，要多放一些水。用筷子将粘连在一起的鱼片拨散时，动作要轻，不要将鱼片弄碎了。

2. 一定要在水烧开之后再放入鱼片。

椒麻
猪肚

主料

猪肚 ——————— **1**个

调料

椒麻汁 ——————— **2**份
生姜 ——————— **1**块
大葱 ——————— **1**段
花椒 ——————— **20**余颗
料酒 ——————— **2**汤匙
白糖 ——————— **1½**茶匙
胡椒碎 ——————— **¼**茶匙

Tips

1. 猪肚里外都要洗干净，先用盐搓洗几次，再用白醋揉搓一遍，最后洗净。若杂质较多，可用面粉搓揉片刻后冲净。猪肚里面与食管相连的地方有一层白色的东西，要用刀刮干净。

2. 制作椒麻汁的时候，可用煮猪肚得到的汤代替鸡汤。

做法

1. 猪肚洗净，生姜切片，大葱切段。

2. 锅内放入适量的水，放入猪肚、大葱、料酒、花椒和一半的姜片。

3. 大火烧开后煮 5 分钟左右。

4. 捞出猪肚，用清水再次将里外都洗干净。

5. 另起锅，锅内放入适量的水，下入猪肚，加入白糖、胡椒碎和剩下的姜片，大火烧开后转中小火煮 1 小时左右。

6. 捞出煮好的猪肚，晾至不烫手。

7. 晾好的猪肚切粗丝。

8. 浇上椒麻汁，拌匀即可。

麻辣汁　先用酱油将盐、白糖和鸡精拌至溶化，再加入辣椒油、芝麻油和花椒粉等原料拌匀即成。

麻辣汁麻辣鲜香，可以用来拌制各种凉拌菜，尤其是以家禽肉、家畜肉或根茎类蔬菜为主料的凉拌菜。

麻辣汁

原料

生抽	**1½**汤匙
辣椒油	**1½**汤匙
花椒粉	**1½**茶匙
白糖	**1**茶匙
芝麻油	**1**茶匙
花椒油	**1**茶匙
鸡精	少许
盐	适量

做法

1. 将盐、白糖和鸡精放到碗中。
2. 加入生抽，搅拌至固体原料全部溶化。
3. 加入辣椒油。
4. 加入芝麻油和花椒油。
5. 加入花椒粉，拌匀即可。

Tips

1. 加入生抽后一定要充分搅拌，要让固体原料全部溶化。
2. 如果喜欢吃醋，可添加少量的醋。
3. 花椒粉可在超市里购买现成的，也可自己制作：将花椒用小火炒香，然后碾成粉。

麻辣
拌牛肉

| 主料

牛腱子肉	**500**克

| 调料

麻辣汁	**2**份
香菜	适量
八角	**2**颗
桂皮	**1**小块
香叶	**1**片
花椒	**10**余颗
草果	**1**个
大葱	**1**段
生姜	**1**小块
蒜	**3**瓣
白糖	**1**茶匙
料酒	**2**汤匙
老抽	**1**汤匙
生抽	**2**汤匙
盐	适量

| 做法

1. 牛肉洗净，生姜切片，大葱切段。

2. 牛肉切大块，用清水浸泡 30 分钟，其间换几次水。

3. 锅内放入适量的水，下入牛肉，烧开后煮 3 分钟左右。

4. 捞出牛肉，放到清水中，洗去表面的浮沫。

5. 另起锅，锅内放入适量的水，放入牛肉和除麻辣汁、香菜以外的所有调料，大火烧开后转小火煮 1 小时 30 分钟左右，关火，晾凉。

6. 捞出晾凉的牛肉，稍稍风干。

7. 牛肉切薄片。

8. 加入切好的香菜，浇上麻辣汁，拌匀即可。

Tips

1. 牛腱子肉筋肉交错，口感很好，适合用来制作这道菜。

2. 将牛肉浸泡在原汤中晾凉更入味。

3. 牛肉晾凉后切薄片更容易。

麻辣拌香干

主料

香干 ·············· **200**克

调料

麻辣汁 ·············· **1**份
香菜 ·············· **2**棵

Tips

1. 市场上有很多种香干，任选一种就可以。

2. 香干焯水后可直接拌调料，如果天热，可用凉开水降温后再拌，这样口感清凉一些。

做法

1. 香干和香菜洗净。

2. 香干切粗丝，香菜切小段。

3. 锅内放入适量的水，烧开，下入香干，焯烫 1 分钟左右。

4. 捞出香干，沥干后放到盘子中，加入香菜，浇上麻辣汁，拌匀。

| 主料

土鸡 ……………… 半只

| 调料

麻辣汁 …………… **1**份
生姜 ……………… **1**块
盐 ………………… **½**茶匙
香菜 ……………… **1**棵

麻辣手撕鸡

Tips

1. 要选用较嫩的土鸡，这样口感好一些。
2. 要根据鸡的大小来调整蒸鸡的时间。

| 做法

1. 土鸡、生姜和香菜洗净。

2. 生姜切薄片；鸡用盐抹一遍，放上姜片，腌 30 分钟左右。

3. 腌好的鸡连同姜片装盘放入蒸锅，大火隔水蒸 15 分钟左右。

4. 取出蒸熟的鸡，晾凉。

5. 用手将鸡肉撕成条。

6. 浇上麻辣汁，加入切碎的香菜，淋入 2 汤匙蒸鸡得到的汤，拌匀即可。

麻辣
鸡胗

主料

鸡胗 ⋯⋯⋯⋯ **400**克

调料

麻辣汁 ⋯⋯⋯⋯	**1**份
香菜 ⋯⋯⋯⋯	**2**棵
生姜 ⋯⋯⋯⋯	**1**小块
大葱 ⋯⋯⋯⋯	**1**段
花椒 ⋯⋯⋯⋯	**10**余颗
八角 ⋯⋯⋯⋯	**1**颗
料酒 ⋯⋯⋯⋯	**1**汤匙
白糖 ⋯⋯⋯⋯	**1**茶匙
酱油 ⋯⋯⋯⋯	**1**汤匙
盐 ⋯⋯⋯⋯	适量

做法

1. 撕去鸡胗表面的肥油，大葱和生姜洗净。

2. 鸡胗加盐后用手反复揉搓，再用清水洗净。

3. 锅内放入适量的水，烧开，下入鸡胗，焯烫1分钟左右。

4. 捞出鸡胗，用清水洗净，沥干；大葱切段，生姜拍破。

5. 另起锅，锅内放入适量的水，放入处理好的鸡胗和除麻辣汁、香菜以外的所有调料。

6. 大火烧开后转中小火煮35分钟左右，捞出鸡胗晾凉。

7. 晾凉的鸡胗切薄片。

8. 加入切好的香菜，浇上麻辣汁，拌匀即可。

Tips

1. 鸡胗要用盐搓洗干净，否则会有异味。

2. 卤煮鸡胗的时间可根据个人的喜好进行调整。喜欢脆脆的口感，就缩短卤煮时间。

麻辣
藕片

| 主料

莲藕 ············ **300克**

| 调料

麻辣汁 ··············· **1**份
生姜 ················· **1**片
蒜 ··················· **2**瓣
香葱 ················· **2**棵

| 做法

1. 莲藕洗净去皮，生姜和蒜洗净。

2. 去皮的莲藕切薄片，用清水洗去表面的淀粉。

3. 生姜和蒜切末，放到麻辣汁中，拌匀。

4. 锅内放入适量的水，烧开，下入藕片，煮30秒左右。

5. 捞出藕片，用冷水冲洗降温，然后过一遍凉开水。

6. 捞出藕片沥干，放到容器中，浇上麻辣汁，加入切好的香葱，拌匀即可。

Tips

1. 切好的藕片要用清水洗去表面的淀粉，如果不能及时烹饪，就要浸泡在清水中，以免接触空气后变色。

2. 焯烫藕片的时间不要太长，藕片变色后要立即捞出；捞出后要用冷水反复冲洗，这样口感才爽脆。

麻辣手
撕猪心

| 主料

猪心 ················ **350**克

| 调料

麻辣汁 ·············	**1**份
香菜 ··············	**1**棵
香葱 ··············	**1**棵
蒜 ················	**1**瓣
生姜 ··············	**1**块
大葱 ··············	**1**段
花椒 ··············	**10**余颗
八角 ··············	**1**颗
料酒 ··············	**1**汤匙
白糖 ··············	**1**茶匙
生抽 ··············	**1**汤匙
盐 ················	适量

| 做法

1. 猪心洗净，生姜切片，大葱切段。

2. 猪心纵向剖开后洗去血沫，再浸泡片刻让血水渗出。

3. 锅内放入适量的水，下入猪心。

4. 大火烧开后煮 2～3 分钟，捞出猪心，用清水洗净。

5. 另起锅，锅内放入适量的水，放入猪心和除麻辣汁、香菜、香葱、蒜以外的所有调料。

6. 大火烧开后转中小火煮 30 分钟左右，捞出猪心。

7. 将猪心晾至不烫手后撕成条，香菜、香葱和蒜切末。

8. 将猪心、香菜、香葱和蒜放到碗中，浇上麻辣汁，拌匀即可。

Tips _____

1. 猪心里面常常藏有淤血，一定要剖开洗干净，要用清水浸泡片刻，让血水渗出来。

2. 卤煮好的猪心晾至不烫手后即可撕成条，完全冷却后会撕不动。

麻辣
土豆片

| 主料

土豆 ———————— **400**克

| 调料

麻辣汁 ————————	**1**份
醋 ————————	**3**汤匙
蒜 ————————	**2**瓣
香菜 ————————	**1**棵

| 做法

1. 土豆去皮洗净切薄片，用清水洗去表面的淀粉。

2. 加入醋，拌匀后浸泡 30 分钟左右。

3. 蒜拍破去皮切末，香菜洗净切段。

4. 锅内放入适量的水，大火烧开，下入土豆片，煮 1 分钟左右。

5. 捞出土豆片，用冷水冲洗降温，然后过一遍凉开水，捞出沥干。

6. 将蒜和香菜加到土豆片中，浇上麻辣汁，拌匀即可。

1. 土豆片要尽量切薄一些。

2. 土豆切成薄片后要洗去表面的淀粉。

3. 土豆片不要煮太久，断生后要立即捞出。

麻辣
鸭脯

主料

鸭脯肉 ———— **600**克

调料

麻辣汁 ———— **2**份
八角 ———— **2**颗
桂皮 ———— **1**块
香叶 ———— **1**片
花椒 ———— 约**20**颗
生姜 ———— **1**小块
大葱 ———— **1**段
料酒 ———— **2**汤匙
白糖 ———— **1**茶匙
生抽 ———— **2**汤匙
老抽 ———— **1**茶匙
盐 ———— 适量

Tips

1. 卤煮鸭脯肉的时候，如果汤面上有浮沫，要用汤勺将其撇净。

2. 卤煮好的鸭脯肉浸泡在原汤中晾凉会更入味；如果时间比较紧张，也可以直接捞出晾凉。

做法

1. 鸭脯肉洗净，生姜切片，大葱切段。

2. 锅内放入适量的水，下入鸭脯肉，大火烧开后煮 2 分钟左右，捞出鸭脯肉，用清水洗去表面的血沫。

3. 另起锅，锅内放入适量的水，放入处理好的鸭脯肉和除麻辣汁以外的所有调料。

4. 大火烧开，用汤勺撇去汤面上的浮沫。

5. 转小火煮 40 分钟左右，关火，晾凉。

6. 捞出鸭脯肉，晾干后切片，浇上麻辣汁。

麻辣
腰花

┃主料

猪腰 ················ **2**个

┃调料

麻辣汁 ··············· **1**份
生姜 ··············· **1**小块
香菜 ··············· **2**棵
料酒 ··············· **1**汤匙
花椒 ··············· **10**余颗

┃做法

1. 猪腰、生姜和香菜洗净。

2. 猪腰纵向剖开，割掉里面的白色腰臊。

3. 猪腰表面切十字花刀，然后切块。

4. 用清水反复清洗猪腰，洗到水不浑浊为止。

5. 生姜切片；锅内放入适量的水，加入姜片、花椒和料酒，大火烧开。

6. 下入猪腰，煮 2 分钟左右（煮至断生），捞出。

7. 猪腰用清水洗去表面的血沫，然后过一遍凉开水，捞出沥干。

8. 浇上麻辣汁，加入切好的香菜，拌匀即可。

Tips

1. 猪腰里面的白色腰臊一定要仔仔细细清理干净，否则成品会有异味。

2. 切好的猪腰一定要用清水洗干净，以确保没有异味。

3. 煮猪腰的时候火要大，时间不能太长，煮至猪腰断生就可以了，不要煮老了。

麻辣
猪头肉

主料

猪头肉	**750**克
黄瓜	**1**根

调料

麻辣汁	**2**份
香菜	**2**棵
香葱	**2**棵
蒜	**2**瓣
香醋	**2**茶匙
生姜	**1**小块
花椒	**20**余颗
大葱	**1**段
盐	适量
白糖	**1½**茶匙
料酒	**2**汤匙

做法

1. 猪头肉刮洗干净，生姜切片，大葱切段。

2. 锅内放入适量的水，下入猪头肉，烧开后煮2～3分钟。

3. 捞出猪头肉，用小镊子拔去肉皮上的残毛。

4. 另起锅，锅内放入适量的水，放入猪头肉、生姜、花椒、大葱、盐、白糖和料酒。

5. 大火烧开后转中小火煮20分钟左右。

6. 捞出猪头肉晾凉。

7. 猪头肉切薄片，黄瓜切薄片，香菜、香葱和蒜分别切末。

8. 将切好的猪头肉、黄瓜、香菜、香葱和蒜放到碗中，浇上麻辣汁和香醋，拌匀即可。

Tips

1. 如果肉皮上有残毛，焯水后能用小镊子轻松拔干净。

2. 卤煮猪头肉的时间一定不要太长，煮至用筷子能轻松扎透就可以了，煮得太软的话会影响口感。

泡椒汁 以泡野山椒的泡椒水为主要原料，添加少量其他原料制作而成。

泡椒汁酸辣开胃，适合用来拌制以家畜或家禽的蹄爪或翅膀等皮较厚的部位为主料的凉拌菜。

泡椒汁

原料

泡椒水 ——————— **300**克

泡野山椒 ——— 约**20**个

花椒 ——————— **1**茶匙

小米椒 ——————— **2**个

生姜 ——————— **1**小块

大葱 ——————— **1**段

白糖 ——————— **2**茶匙

开水 ——————— **150**克

做法

1. 准备好泡野山椒和泡椒水，小米椒、生姜和大葱洗净。

2. 大葱和生姜切粗丝，与花椒一起放到碗中；倒入开水，浸泡至开水自然冷却。

3. 用漏勺捞出碗中的所有原料，只留花椒水。

4. 将花椒水倒到泡椒水中，加入切成段的泡野山椒和小米椒，加入白糖，拌匀即可。

Tips

1. 如果怕辣，可以不放小米椒，泡野山椒也不用切成段。

2. 如果没有足够的泡椒水，可增加花椒水的用量，再添加适量的白米醋来调节酸度。

3. 泡椒水一般比较咸，要用花椒水来降低它的咸度。如果口味偏重，可减少花椒水的用量。在调制过程中可以尝一尝，然后根据自己的口味调整原料的用量。

泡椒
翅尖

主料	
鸡翅尖	**300**克

调料	
泡椒汁	**1**份
生姜	**1**小块
大葱	**1**段
花椒	**10**余颗
料酒	**1**汤匙

做法

1. 鸡翅尖洗净，生姜洗净切片，大葱洗净切段。

2. 锅内放入适量的水，放入鸡翅尖和除泡椒汁以外的所有调料。

3. 大火烧开（如果汤面上有浮沫，用汤勺撇净），然后转小火煮 8 分钟左右（煮至鸡翅尖熟透）。

4. 捞出鸡翅尖，用清水洗去表面的油花，放到冰水中浸泡 10 分钟左右。

5. 捞出鸡翅尖，沥干后放到泡椒汁中浸泡 4 小时即可。

煮熟的鸡翅尖要用清水洗去表面的油花，这样口感清爽一些；洗干净后再用冰水泡一泡，表皮会更有弹性。

泡椒
凤爪

| 主料

鸡爪 —————— **700**克

| 调料

泡椒汁	**2**份
花椒	**1**小把
香叶	**2**片
八角	**2**颗
桂皮	**1**小块
生姜	**1**块
大葱	**1**段
料酒	**2**汤匙

| 做法

1. 鸡爪洗净，生姜洗净拍破，大葱洗净切段。

2. 鸡爪剪去趾甲，剁成两截，洗去血水。

3. 洗好的鸡爪用清水浸泡几次，每次浸泡片刻。

4. 锅内放入适量的水，放入鸡爪和除泡椒汁以外的所有调料；中火烧开后转小火，让锅内保持微沸状态，煮 10 分钟左右（能够轻松将筷子扎进鸡爪皮厚的地方，就说明鸡爪熟透了）。

5. 迅速捞出煮熟的鸡爪，用冷水反复冲洗，洗去表面的油花，放到冰水中浸泡 10 分钟左右，捞出沥干。

6. 将沥干的鸡爪放到泡椒汁中，盖上盖子放入冰箱冷藏 6 小时左右即可食用。

Tips —————

1. 要洗去鸡爪中的血水。

2. 煮鸡爪时，锅内的水烧开以后要转小火，否则鸡爪很容易破皮。

3. 煮好的鸡爪要洗去表面的油花并且放到冰水中浸泡一会儿，这样成品会很有弹性。

泡椒
猪耳

主料

猪耳 ·········· **1**只

调料

泡椒汁 ··········	**1**份
八角 ··········	**1**颗
花椒 ··········	**10**余颗
生姜 ··········	**1**块
香葱 ··········	**2**棵
料酒 ··········	**2**汤匙

做法

1. 猪耳除去残毛后洗净,生姜拍破,香葱洗净挽结。

2. 锅内放入适量的水,下入猪耳。

3. 大火烧开后煮 2 分钟左右,捞出猪耳,用清水洗净。

4. 另起锅,锅内放入适量的水,放入处理好的猪耳和除泡椒汁以外的所有调料。

5. 大火烧开后转中小火煮 20 分钟左右,捞出猪耳。

6. 猪耳用清水洗去表面的油花,晾凉,切薄片。

7. 切好的猪耳用凉开水洗去油花,沥干。

8. 将沥干的猪耳放到泡椒汁中,盖上盖子放入冰箱冷藏 4 小时左右即可食用。

Tips

1. 猪耳煮熟就可以了,不要煮得太软,否则会不够爽脆。

2. 猪耳切成薄片后要再次洗去油花,这样成品的口感才会清爽。

泡椒
猪蹄